This Is Chemistry

这就是化学

WONDERFUL 奇妙的
CHEMICAL 化学
REACTIONS 反应

5

米莱童书 著绘

中信出版集团 | 北京

推荐序

　　非常高兴向各位家长和小朋友推荐"这就是化学"科普丛书。这是一套有趣的化学漫画书，它不同于传统的化学教材，而是用孩子们乐于接受的漫画形式来普及化学知识。这套丛书通过生动的画面、有趣的故事，结合贴近日常生活的场景，在轻松、愉悦的氛围中传授知识，深入浅出，寓教于乐。它不仅能够帮助孩子初步认识化学，还能引导他们关注身边的化学现象，培养对化学的浓厚兴趣。

　　化学是一个美丽的学科。世界万物都是由化学元素组成的。化学有奇妙的反应，有惊人的力量，它看似平淡无奇，却在能源、材料、医药、信息、环境和生命科学等研究领域发挥着其他学科不可替代的作用。学习化学是一个神奇且充满乐趣的过程，你会发现这个世界每时每刻都在发生奇妙的化学变化，万事万物都离不开化学。世界上的各种变化不是杂乱无章的，而是有其内在的规律，都被各种化学反应式在背后"操控"。学习化学就像是"探案"，有实验室里见证奇迹的过程，也有对实验结果的演算分析。

　　化学所涉及的知识与我们的日常生活息息相关，化学变化和化学反应在我们的身边随处可见。在这套科普绘本里，作者用新颖的形式带领孩子探究隐藏在身边的"化学世界"：铁钉为什么会生锈？苹果是如何变成苹果醋的？蜡烛燃烧之后变成了什么？为什么洗洁精可以洗净油污？用什么东西可以除去水壶里的水垢？……这些探究真相的过程，可以培养孩子学习化学知识的兴趣，也是提高科学素养的过程。

　　愿孩子们能从这套书中收获化学知识，更能收获快乐！

中国科学院院士，高分子化学、物理化学专家

目 录

什么是化学变化

我们来寻找身边的**化学变化**吧！

今天可真冷！现在我要暖和暖和，我们来生火烧水吧。

煤在燃烧，真暖和！**燃烧**是常见的化学变化之一。

化学变化一定会**产生新**的物质。

在这些燃烧产生的物质里，就有新生成的一氧化碳和二氧化碳。

如何判断发生的是不是**化学变化**呢?

有**新物质生**成的,就是化学变化。

蜡烛燃烧就发生了化学变化。

质地和颜色发生了变化,说明有新物质生成。

右面的几枚铁钉生锈了,变成了红棕色,而且表面也不光滑了,这是因为铁和空气中的氧气发生了化学反应。

古人的智慧

中国的古诗词中有很多关于化学变化的诗句,让我们一起来找找看吧!

"野火烧不尽,春风吹又生。"这句诗中就出现了**燃烧**现象。

"千锤万凿出深山,烈火焚烧若等闲"精辟地道出了生产**生石灰**的过程。

"爆竹声中一岁除，春风送暖入屠苏。"

爆竹中的火药被引燃后发生**爆炸**，也是一种化学变化。

"石泉春酿酒，松火夜煎茶。"

铺 酒

酒 酒 酒 酒

人们会利用微生物，使葡萄糖等糖类变成酒精，这就是**酿酒**的过程。

总而言之，古诗词中包含了很多化学变化呢！

这些物品中都含有**易燃**的物质，遇火很容易燃烧。它们都需要远离明火。

元素合体（化合反应）

我们可以通过**化学反应**，把不同的物质组合在一起，变成新的物质。

氢气是易燃气体。

分身有术（分解反应）

分子绑架案（置换反应）

苹果醋工厂

金属生锈

萤火虫发光

这些都是自然界中的化学反应，大自然真的很神奇！

水母发光

火山喷发

质量守恒定律

化学反应虽然会生成新物质，但参加反应的各物质的质量总和，等于反应后生成的各物质的质量总和，这就是**质量守恒定律**。

这个实验可以很好地展现质量守恒定律。天平的左边是硫酸铜溶液和铁钉，它们的总质量等于一大一小两个砝码的质量之和。

铁钉

现在，我们把铁钉放到硫酸铜溶液里。

硫酸铜溶液

铁钉会和硫酸铜溶液发生化学反应，生成铜和硫酸亚铁。

硫酸亚铁溶液

铜

剩余的铁钉与新生成的铜和硫酸亚铁溶液的总质量，同样等于一大一小两个砝码的质量之和。

奇妙的化学变化

煤　　　钉子

化合反应

质量守恒定律

置换反应

问答收纳盒

什么是化学变化?	化学变化是指有新物质生成的变化,又叫化学反应。
什么是物质的化学性质?	化学性质是指物质在化学变化中表现出来的性质。
什么是化合反应?	化合反应是由两种或两种以上的物质生成另一种物质的反应。
什么是分解反应?	分解反应是一种化合物分解成两种或两种以上其他物质的反应。
什么是置换反应?	置换反应是一种单质与一种化合物反应生成另外一种单质和另外一种化合物的反应。
什么是复分解反应?	复分解反应是两种化合物互相交换成分,生成另外两种化合物的反应。
什么是发酵?	发酵是利用微生物生产新物质的过程。
什么是质量守恒定律?	质量守恒定律是指在化学反应前后,参加反应的各物质的质量总和,等于反应后生成的各物质的质量总和。

思考题答案

第 34 页　　木炭燃烧。

第 35 页　　氧气: 具有氧化性和助燃性。盐酸: 具有腐蚀性。木材: 具有可燃性。煤炭: 具有可燃性。

作 者 团 队

米莱童书，由国内多位资深童书编辑、插画家组成的原创童书研发平台，"中国好书"大奖得主、"桂冠童书"得主、中国出版"原动力"大奖得主。现为中国新闻出版业科技与标准重点实验室（跨领域综合方向）授牌的中国青少年科普内容研发与推广基地，致力于对传统童书进行内容与形式的升级迭代，开发一流原创童书作品，使其更加适应当代中国家庭的阅读与学习需求。

专 家 团 队

李永舫　中国科学院院士，高分子化学、物理化学专家
　　　　作序推荐
张　维　中科院理化技术研究所研究员，抗菌材料检测中心主任　审读、推荐
亓玉田　北京市化学高级教师、省级优秀教师、北京市青少年科技创新学院核心教师　知识脚本创作

创作组成员

特约策划：刘润东
统筹编辑：于雅致 陈一丁 王晓北
绘画组：辛颖 孙振刚 鲁倩纯 徐烨 杨琪 霍霜霞
美术设计：刘雅宁 董倩倩 张立佳 马司雯 胡梦雪

图书在版编目（CIP）数据

奇妙的化学反应 / 米莱童书著绘 . -- 北京：中信
出版社，2023.12（2024.12重印）
（这就是化学）
ISBN 978-7-5217-6006-4

Ⅰ.①奇… Ⅱ.①米… Ⅲ.①化学—少儿读物 Ⅳ.
①O6-49

中国国家版本馆 CIP 数据核字（2023）第 171265 号

奇妙的化学反应
（这就是化学）

著　　绘：米莱童书
特邀总策划：刘润东
版式设计：米莱童书
制　　作：北京易书有道文化有限公司
出版发行：中信出版集团股份有限公司
　　　　　（北京市朝阳区东三环北路27号嘉铭中心　邮编　100020）
承　印　者：北京尚唐印刷包装有限公司

开　　本：889mm×1194mm　1/16　　　印　　张：20　　字　　数：400千字
版　　次：2023年12月第1版　　　　　印　　次：2024年12月第8次印刷
书　　号：ISBN 978-7-5217-6006-4
定　　价：200.00元（全8册）

出　　品：中信儿童书店
图书策划：火麒麟
策划编辑：范萍 王平 马月敏
责任编辑：谢媛媛
营销编辑：杨扬